ÉTUDES

SUR

LES FOURMIS, LES GUÊPES & LES ABEILLES,

DIXIÈME NOTE,

Sur *Vespa media*, *V. silvestris* et *V. saxonica*,

par CHARLES JANET,

Ingénieur des Arts et Manufactures, à Beauvais.

Extrait des Mémoires de la Société Académique de l'Oise, tome XVI, p. 28, 1895

BEAUVAIS

IMPRIMERIE D. PERE, RUE SAINT-JEAN. — A. CARTIER, GÉRANT.

—

1895.

ÉTUDES

SUR

LES FOURMIS, LES GUÊPES & LES ABEILLES,

DIXIÈME NOTE,

Sur *Vespa media*, *V. silvestris* et *V. saxonica*,

par Charles JANET,

Ingénieur des Arts et Manufactures, à Beauvais.

J'ai recueilli, aux environs de Beauvais, dans le courant de l'année 1894, des nids appartenant aux espèces suivantes :

Vespa crabro, Linné.
Vespa media, Retzius.
Vespa silvestris, Scopoli.
Vespa saxonica, Fabricius.
Vespa germanica, Fabricius.
Vespa vulgaris, Linné.
Polistes gallica, Linné.

Les observations suivies et détaillées que j'ai faites sur 3 nids de *Vespa crabro*, L. (nids 1, 2 et 3) ont déjà formé l'objet d'une note ("94 h). Il ne sera question ici que des espèces appartenant au groupe de *Vespa media*, c'est-à-dire de *Vespa media*, *Vespa silvestris* et *Vespa saxonica*.

VESPA MEDIA (nid 4).

Description du nid. — Ce nid, suspendu dans un Poirier d'un jardin de Beauvais, est capturé le 16 juin, sans la mère et sans aucune des quatre ouvrières déjà écloses. Il mesure extérieurement

60^{mm} de diamètre et 60^{mm} de hauteur. Il est suspendu à une branche de 5^{mm} de diamètre, tout près d'un point où cette branche se divise en deux rameaux. Les enveloppes les plus externes sont soudées, sur une longueur de 2^{cm}, à la branche, et, sur pareille longueur, aux deux rameaux.

Pour étudier ce nid, je coupe toutes ses enveloppes suivant un plan passant sensiblement par son axe (fig. 1, A).

La lame de suspension a environ 10^{mm} de longueur. Sa partie supérieure est dilatée en éventail et trouve ainsi une ligne d'insertion suffisamment étendue le long de la branche.

Gâteau alvéolaire. — Le gâteau alvéolaire, légèrement ovale, a 32 sur 35^{mm} et contient 66 alvéoles. Il est représenté, figure 1, en A, vu de côté, en B, vu par dessus, et en C, vu par sa face inférieure. Son degré d'avancement est donné par la figure 2, schéma sur lequel les alvéoles sont tous représentés, même ceux qui ne sont que naissants, par des hexagones égaux entre eux ayant la grandeur et la position à acquérir définitivement.

Les 4 alvéoles 1, 2, 3, 4, qui forment la figure nucléale, ont déjà servi de berceau chacun à un individu et les 4 Guêpes écloses ont été remplacées par 4 œufs. Dans ces alvéoles, qui ont acquis leur développement définitif, les œufs ne sont pas placés au fond comme le sont les premiers œufs qui, eux, sont pondus dans les alvéoles naissants. Ici, l'étroitesse des alvéoles, leur grande profondeur et aussi la présence d'opercules voisins ont empêché la mère de faire pénétrer son abdomen jusqu'au fond, et les œufs sont, pour ce motif, déposés, à peu près à mi-hauteur, en un point quelconque de la paroi.

Le 20 juin, je constate l'éclosion de l'œuf de l'alvéole 1, et, quelques heures plus tard, celle de l'œuf de l'alvéole 2.

Les 10 alvéoles qui forment le deuxième contour sont tous operculés.

Les 16 alvéoles du troisième contour contiennent chacun une larve bien développée. A l'exception de deux, situées en bas, à droite (b) et à gauche, toutes ces larves ont effectué leur mouvement de rotation et leur face ventrale est dirigée vers l'intérieur du nid. Aucun des alvéoles du troisième contour n'était operculé au moment de la capture, mais, quelques heures plus tard, j'ai trouvé l'alvéole m operculé à son tour.

Sur les 22 alvéoles qui constituent le quatrième contour, les

2 derniers construits, situés aux deux angles inférieurs du contour, sont encore vides. Les autres contiennent 8 œufs et 12 larves. Ces dernières n'ont pas encore effectué leur mouvement de rotation et elles ont, toutes, leur face ventrale dirigée vers l'extérieur du nid. Ce quatrième contour, qui est marqué d'un trait renforcé sur la figure 2, est le dernier de ceux qui sont tout à fait complets. Sur les figures B et C (fig. 1), les 22 alvéoles qui forment ce quatrième contour sont marqués d'une petite croix.

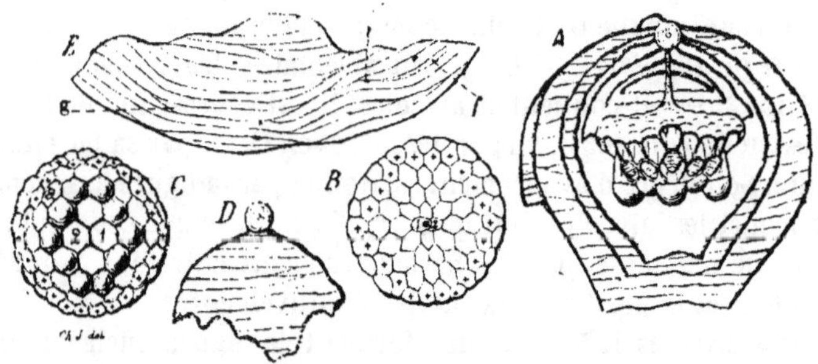

Fig. 1. *V. media*. Nid 4. Réd 1/2.

A Ensemble du nid dessiné après l'enlèvement de la moitié de toutes les enveloppes.
B Le gâteau alvéolaire vu par sa face supérieure.
C Le gâteau alvéolaire vu par sa face inférieure.
D La 3e enveloppe déjà fortement déchiquetée.
E Commencement d'une 7e enveloppe décollée sans aucune déchirure.

Lettres communes aux figures 1 et 2.

a Grosse larve dans le 3e contour.
b Larve du 3e contour n'ayant pas encore pivoté.
c 4e contour : sur les figures B et C, les 22 alvéoles qui forment ce 4e contour sont marqués d'une petite croix.
d Alvéoles restant à construire pour compléter le 5e contour.
e Les 14 alvéoles déjà construits du 5e contour.
f Bande colorée en gris très foncé sur la 7e enveloppe.
g Bande tout à fait blanche sur la 7e enveloppe.
i Petites lacunes formant trous dans les enveloppes.
m Alvéole qui sera operculé le premier dans le 3e contour.
1 à *4* Figure nucléale formée des 4 premiers alvéoles.
5 à *9* Alvéoles ayant fourni les 5e à 9e éclosions.

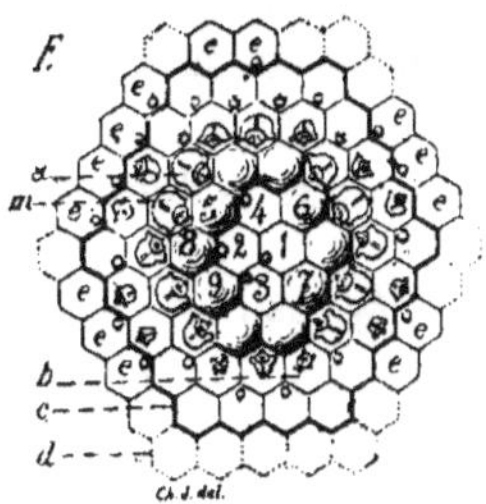

Fig. 2. Schéma du nid 4 représenté par la figure précédente, donnant son degré d'avancement au moment de la capture.

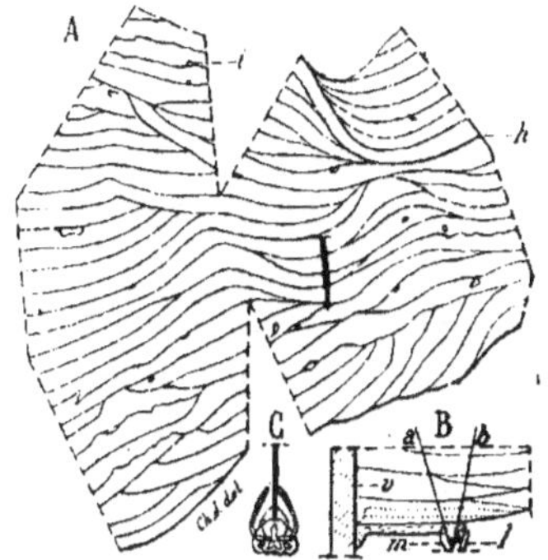

Fig. 3, *V. media*. Nid 4. Réd 1/2.

A La moitié de la 6e enveloppe étalée et représentée avec toutes ses bandes d'accroissements successifs.
B Emploi d'une boulette de pâte (les mandibules et le labium sont représentés schématiquement en *m* et *l*) (gr. nat.).
C La tête de la Guêpe pendant cette opération (gr. nat.).
h Limite inférieure de la 6e enveloppe à un stade où elle avait une forme analogue à la forme actuelle de la 7e enveloppe (fig. *1*, *E*).
i Petites lacunes formant des trous dans les enveloppes.

Des 28 alvéoles qui doivent former le cinquième contour il en reste à construire 14, qui sont marqués en pointillé sur la figure 2. Parmi les 14 alvéoles amorcés, il y en a 10 qui sont déjà pourvus d'un œuf. Ces 14 alvéoles en construction, indiqués par la lettre e sur la figure 2, sont faciles à retrouver sur les figures B et C, grâce aux petites croix qui marquent sur ces figures le contour précédent.

On voit, en résumé, que ce gâteau présente une grande symétrie autour des 4 alvéoles qui constituent la figure nucléale.

Enveloppes. — Autour de la tige de suspension, il y a d'abord 2 calottes, assez réduites, dont le diamètre ne dépasse pas celui du gâteau (fig. 1, A).

Une troisième calotte, représentée toute seule, en D, a ses bords festonnés et déchiquetés, et l'on voit qu'elle représente seulement le reste d'une enveloppe plus complète, détruite pour laisser la place nécessaire à l'accroissement du gâteau et à la circulation sur son pourtour.

Sur les deux enveloppes suivantes, toutes deux piriformes et nettement rétrécies en bas, chaque bande d'accroissement se traduit sur la coupe par un petit contour concave. Entre cette quatrième et cette cinquième enveloppe, près de leur point d'union avec la branche, une Araignée a établi son nid et a laissé sa dépouille. M. Eug. Simon y a reconnu *Attus pubescens*, Fabr.

La sixième enveloppe qui a, en plus grand, exactement la même forme que les précédentes, constitue actuellement la véritable enveloppe externe du nid. La moitié de cette enveloppe, entaillée de deux coups de ciseaux pour pouvoir être étalée, est représentée avec toutes ses bandes d'accroissement (fig. 3). On y voit, comme sur toutes les autres enveloppes, un certain nombre de petites lacunes (i).

Une septième enveloppe (fig. 1, A, E), encore bien réduite, est collée, par son bord supérieur, suivant une ligne très sinueuse, à l'extérieur de l'enveloppe précédente qu'elle n'embrasse que sur une demi-circonférence. J'ai pu détacher intégralement, sans aucune déchirure, cette enveloppe naissante, et je l'ai représentée en entier, avec toutes ses bandes d'accroissement, en E.

Les bandes d'accroissement de la septième enveloppe, qui n'ont guère que 2^{mm} de largeur, sont un peu plus étroites que les bandes qui constituent les enveloppes précédentes et qui atteignent près de 3^{mm}. Cela indique peut-être que ces enveloppes précédentes ont été construites par la mère, très grosse chez *V. media*, tandis que la septième enveloppe serait due aux quatre premières ouvrières.

Comme, d'ailleurs, sur toutes les autres, les bandes qui forment cette septième enveloppe sont d'un gris assez clair, sauf dans la partie supérieure où elles sont verdâtres. Il y a, de plus, dans la partie inférieure, une bande (f) qui est d'un gris presque noir et une autre (g) qui est entièrement blanche et qui pourrait bien avoir été construite avec des débris d'opercules.

Sur la figure 3, h représente la limite inférieure de la sixième enveloppe à un stade où elle avait à peu près la forme actuelle de la septième.

Observations diverses. — Le 21 juin a lieu l'éclosion de la cinquième ouvrière. La Guêpe decoupe, avec ses mandibules, son opercule préalablement humecté de liquides buccaux. Son antenne gauche reste constamment sortie pendant cette opération dont la durée ne dépasse pas dix minutes. Au bout de ce temps, l'imago, soulevant le petit lambeau operculaire central qu'il a isolé par une large fente en forme de fer à cheval, sort encore couvert de débris de la cuticule nymphale. Il circule immédiatement sur les alvéoles et étend ses ailes à plusieurs reprises. Les larves, qui croient sans doute au retour de la mère, s'agitent et demandent à manger.

Bientôt je vois la nouvel-éclose nettoyer son antenne avec son organe tibio-tarsien et son abdomen avec ses pattes postérieures.

Lorsque j'excite les larves en leur touchant légèrement la tête, elles émettent immédiatement, par leur bouche, une gouttelette d'un liquide aqueux. La nouvel-éclose, qui circule à la surface du gâteau, produit le même résultat en passant sur une grosse larve. Elle s'arrête aussitôt et boit avidement la gouttelette dégorgée.

Quelques instants après, elle arrache avec ses mandibules quelques petits débris d'opercule sur le bord d'un alvéole autre que celui dont elle est sortie.

A plusieurs reprises, je lui vois prendre la position habituelle de repos, la tête et le corselet tout entiers enfoncés dans un alvéole dont elle ne laisse sortir que son abdomen et l'extrémité de ses ailes et de ses pattes. Les tarses sont alors, par moments, animés de petits mouvements saccadés et l'abdomen de forts mouvements respiratoires.

Quelques heures après son éclosion, elle mange du miel placé sur le gâteau alvéolaire et va ensuite faire une distribution aux larves.

Le 22 juin, lendemain de son éclosion, je lui présente une

Mouche. Surprise et même un peu effrayée, elle ne s'en empare qu'après quelques hésitations. Accrochée au bord des alvéoles par ses quatre pattes postérieures, la tête en bas, elle dépèce sa victime et fait, avec son corselet et une partie de sa tête, une boulette de pâtée nutritive qu'elle dépose tout entière devant la bouche de l'une des plus grosses larves.

Le 23 juin, elle a deux compagnes qui viennent d'éclore et qui passent une bonne partie de leur temps au repos, profondément enfoncées, la tête la première, dans un alvéole. Elle commence ce jour-là à faire des courses et rapporte des boulettes noires, de pâtée nutritive, qu'elle distribue aux larves.

Avec le miel pur que j'ai mis à sa disposition, je lui ai donné du miel épaissi avec de la farine. Elle prend volontiers de ce mélange, mais elle en extrait le miel et rejette la farine sous forme de petits grains tout à fait blancs, comprimés et moulés dans la cavité prébuccale (voir J., "94 g).

Je prends les deux plus jeunes ouvrières sur une bande de papier et je les introduis dans un autre nid que j'ai laissé tout à fait intact et qui ne contient encore qu'un petit nombre d'habitants. Elles y sont parfaitement accueillies.

La huitième éclosion a lieu le 29 juin et la neuvième le 1er juillet (alvéoles 8 et 9, fig. 2).

VESPA MEDIA (nid 5).

J'ai capturé un autre nid de *V. media*, le 22 juin, à La Chapelle-aux-Pots, Oise.

Description du nid. — Ce nid (fig. 4, A) est tout à fait piriforme. Il a 65^{mm} de diamètre et 75^{mm} de hauteur. Il est attaché sur une longueur de 4^{cm} à un fil de fer horizontal et se trouve suspendu au milieu des feuilles d'un Poirier palissadé le long d'un mur.

Après avoir capturé deux des trois ouvrières déjà écloses, je vois la mère rentrer au nid et je la capture à son tour, mais je ne vois pas la troisième ouvrière. Il me suffit ensuite de couper le fil de fer pour pouvoir enlever le nid en parfait état.

N'ayant pu m'occuper de mes prisonnières que plusieurs heures après leur capture, je trouve la mère et une ouvrière tout à fait mourantes, probablement parce que j'avais négligé de mettre de l'eau et du miel dans les flacons, recouverts de toile métallique, où je les avais enfermées séparément et où je comptais ne les laisser que fort peu de temps.

Afin d'éviter un pareil sort à l'unique ouvrière survivante, je lui donne un abreuvoir et une mangeoire, et le lendemain matin je la laisse s'envoler dans mon laboratoire dont les fenêtres sont fermées. Elle va sur les vitres et il me suffit d'approcher tout près d'elle l'orifice de son nid pour l'y voir rentrer immédiatement.

Au moyen du fil de fer auquel il est attaché, je suspends le nid à un petit support que je place extérieurement sur l'appui d'une fenêtre.

Le surlendemain, la jeune ouvrière a commencé ses courses. Elle vient voler dans mon laboratoire; elle entre par une fenêtre et sort par la fenêtre voisine, décrivant ainsi deux ou trois cercles, moitié à l'intérieur, moitié à l'extérieur de la maison, puis elle fait, sur du miel, un repas qui dure cinq minutes, sans interruption.

Afin de pouvoir examiner ce qui se passe dans l'intérieur du nid, je découpe toutes ses enveloppes en suivant soigneusemeut un plan à la fois parallèle à l'axe et presque tangent au côté du gâteau alvéolaire (fig. 4, B). L'ouverture ainsi produite respecte absolument l'orifice naturel du nid et suffit largement pour permettre de voir dans son intérieur. Le nid est ensuite appliqué, par sa face ouverte, contre un verre à vitre v. Un carton c, pouvant être mis et enlevé à volonté, sert, dans l'intervalle des observations, à empêcher l'accès de la lumière. A quelques centimètres au-dessous de l'ouverture du nid se trouve une petite planchette horizontale sur laquelle sont placés un godet avec du miel et un godet avec une éponge gorgée d'eau.

Lame de suspension. — La lame de suspension se dilate considérablement à sa partie supérieure (fig. 4, A) pour avoir une surface de contact suffisamment grande avec le fil de fer f. Elle se transforme à sa partie inférieure en un petit cylindre de 1 mm 1/2 de diamètre, enduit d'une substance brune, luisante et élastique.

Gâteau alvéolaire. — Le gâteau alvéolaire (représenté schématiquement fig. 5) est formé de 46 alvéoles, à savoir : 30 alvéoles compris dans l'ensemble des trois premiers contours, qui sont complets, plus 15 alvéoles du quatrième contour et 1 du cinquième.

Sur les 4 alvéoles de la figure nucléale, 3 ont déjà fourni une éclosion imaginale, tandis que le quatrième est encore operculé. Les 3 alvéoles qui ont donné des éclosions contiennent respectivement 0, 1 et 2 œufs (fig. 5).

La disposition de la progéniture, dans les 10 alvéoles du deuxième contour, est symétrique par rapport à l'axe longitudinal de la figure nucléale. Les alvéoles de ce contour contiennent 4 grosses larves et 6 cocons.

Il y a aussi, dans le troisième contour, le dernier de ceux qui sont complets, une symétrie très prononcée dans l'état d'avancement des larves. La plupart ont déjà effectué leur mouvement de rotation.

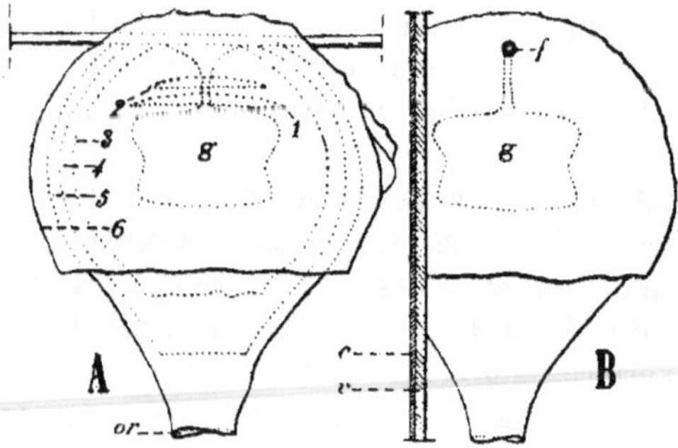

Fig. 4. *V. media.* Nid 5. Réd 1/2.

A Ensemble du nid.

B Le nid avec ses enveloppes sectionnées sur le côté de manière à présenter une ouverture permettant de voir dans l'intérieur. Cette ouverture est appliquée contre un verre à vitre *v* recouvert d'une feuille de carton *c* mobile.

1 à *6* Les 6 enveloppes.

or Orifice du nid.

g Gâteau alvéolaire.

f Fil de fer sur lequel le nid a été construit.

v Verre à vitre recouvrant l'ouverture découpée sur le côté des enveloppes.

c Feuille de carton recouvrant le verre à vitre.

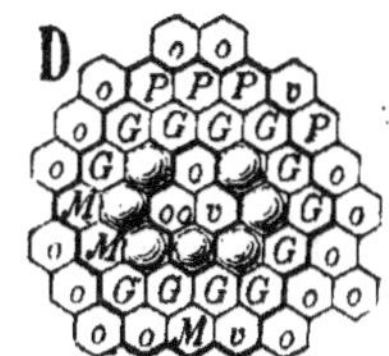

Fig. 5. *V. media*. Nid 5.

D Schéma de l'état du nid au moment de la capture.

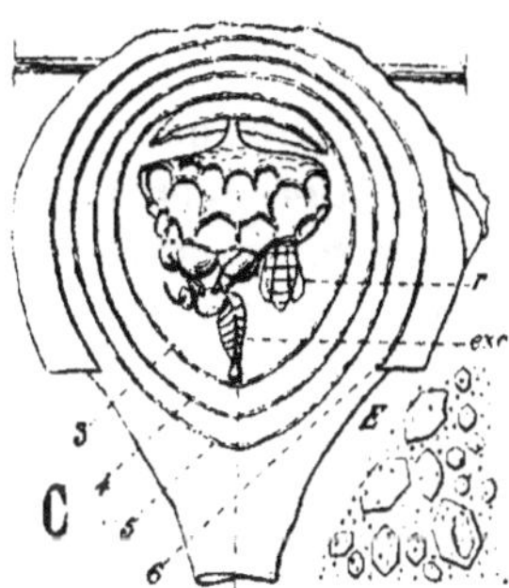

Fig. 6. Réd. 1/2.

C Le nid avec ses enveloppes sectionnées sur le côté (comme l'indique la figure *4*, *B*) vu du côté ouvert et laissant voir le gâteau alvéolaire et deux ouvrières.

r Jeune ouvrière au repos.

exc Ouvrière nouvel-éclose laissant tomber dans l'axe de l'orifice du nid le liquide laiteux et les corpuscules blancs représentant les excreta accumulés dans le tube digestif pendant la nymphose.

E Cristaux hexagonaux contenus avec un grand nombre de Bactéries dans les corpuscules blancs des excreta.

Le quatrième contour comprend 15 alvéoles sur les 22 qu'il doit avoir définitivement. A l'exception d'un alvéole qui contient une jeune larve et d'un autre qui est vide, ils contiennent tous un œuf.

Du cinquième contour, il n'y a encore qu'un alvéole déjà pourvu d'un œuf.

Enveloppes. — Il y a 6 enveloppes (fig. 4 et 6).

Les deux premières enveloppes sont réduites à deux petites calottes.

Les troisième et quatrième ne sont pas encore attaquées et entourent complétement le gâteau.

La cinquième enveloppe est piriforme, allongée, et son orifice, qui est actuellement le véritable orifice du nid, a 10 sur 13^{mm}.

La sixième enveloppe recouvre un peu plus de la moitié de la hauteur totale du nid et présente, soudée sur son côté, une petite lame surajoutée formant une sorte de boursouflure.

Observations diverses. — L'éclosion de la quatrième ouvrière a lieu sous mes yeux. La nouvelle venue sort de son alvéole, surveillée par la troisième ouvrière, qui, sans lui fournir aucune aide, la palpe avec ses antennes. Lorsque la quatrième ouvrière est entièrement sortie, elle se nettoie et étend ses ailes. Pendant ces opérations, la troisième circule autour d'elle, en manifestant une grande excitation.

La progéniture de ce nid a été soumise, depuis trois jours, à un jeûne complet, et le nombre des larves malades ou mortes est relativement considérable. Je vois la troisième Guêpe se précipiter, comme furieuse, dans un alvéole : elle saisit une larve morte avec ses mandibules, et, arc-boutée par ses six pattes, la tire de toutes ses forces. Elle s'y reprend à plusieurs fois avant de parvenir à l'arracher. Elle y arrive enfin, semble pétrir le cadavre avec ses pattes antérieures, sort du nid, se suspend un instant à la bordure de l'ouverture au moyen des griffes de ses pattes postérieures, et prend péniblement son vol en emportant le cadavre. Quelques secondes après elle est de retour au nid. En une demi-heure je lui vois enlever de cette façon cinq larves mortes ou malades.

Une Mouche circule sur le petit plancher qui se trouve au-dessous du nid. La troisième ouvrière l'aperçoit, sort et se précipite sur elle, mais la manque. Elle voit alors une larve morte qui est restée sur le plancher, au-dessous du nid. Elle la saisit, semble la malaxer avec ses pattes antérieures, s'envole en l'emportant et revient immédiatement à vide. Elle se pose sur le bord de la mangeoire, mange longuement du miel, rentre dans le nid, se nettoie et distribue de la nourriture aux larves.

Je saisis une autre Mouche par une aile, au moyen de petites pinces fines, et je la présente dans l'ouverture du nid. La troisième ouvrière la voit, se précipite sur elle, la saisit, s'envole et l'emporte hors de vue. Au bout d'une demi-minute elle revient avec sa proie dépecée, mais non malaxée : une partie de la tête, l'abdomen, les ailes et les pattes ont été enlevés. Elle rentre dans le nid, et, imprimant à sa proie un mouvement de rotation au moyen de ses pattes de devant, elle la malaxe avec ses mandibules. La quatrième ouvrière vient, pendant cette opération, lui prendre une partie de sa boulette et se met aussi à la malaxer, sans aller aussi vite que son aînée. Cette dernière, tout en continuant son malaxage, s'introduit plus de vingt fois dans les alvéoles et semble être indécise sur le choix de la larve à qui elle donnera à manger. Elle se décide enfin à donner sa boulette, puis va, à deux reprises, reprendre à sa sœur une partie de ce qu'elle lui a cédé et fait une deuxième, puis une troisième boulettes bien plus petites que la première. La quatrième ouvrière finit, elle aussi, par s'introduire dans plusieurs alvéoles et dépose sur la tête d'une larve le petit reliquat qui lui reste.

Le 26 juin, je constate qu'il y a eu une cinquième éclosion et qu'une nouvelle ouvrière est présente dans le nid. Cette nouvel-éclose est fréquemment au repos, enfoncée, la tête la première, dans un alvéole dont on voit sortir son abdomen, qu'elle tient tout à fait vertical. Lorsque la plus âgée des 3 Guêpes est au repos, elle a, au contraire, souvent son abdomen fortement recourbé, de manière à amener sa face ventrale au contact des alvéoles voisins. Le soir je vois les trois ouvrières au repos, rangées, les unes à côté des autres, dans 3 alvéoles consécutifs.

Le 27 juin, les trois ouvrières sont fiévreusement agitées et occupées à malaxer des boulettes noires provenant, sans aucun doute, du produit de la chasse de l'aînée. Leur agitation ne cesse pas lorsqu'il s'agit de distribuer les boulettes : elles vont d'alvéole en alvéole, passent et repassent par-dessus le gâteau et paraissent bien désappointées de ne trouver en tout que trois ou quatre larves, déjà pourvues de nourriture, ou quelques œufs non encore éclos.

Le 28 juin, je vois une des trois ouvrières occupée à étaler de la pâte à papier sur le bord de la petite lame qui est collée sur le côté de la sixième enveloppe (fig. 4, A).

Le 29 juin, j'augmente la famille d'une jeune *V. media* qui vient d'éclore dans un autre nid. Je la présente près de l'orifice; elle s'accroche immédiatement à la face interne des enveloppes et grimpe jusqu'à la partie supérieure, d'où elle passe sur le gâteau alvéolaire. Les trois ouvrières palpent de leurs antennes cette jeune étrangère qu'elles prennent probablement pour une sœur récemment éclose et lui font bon accueil.

Les trois aînées travaillent fréquemment à l'accroissement des alvéoles et surtout de la sixième enveloppe. Toutes les nouvelles bandes ajoutées sont, à leur point de départ, collées sur le verre à vitre, et j'espérais, en conséquence, que les Guêpes considéreraient ce verre comme une partie intégrante et suffisante de l'enveloppe externe de leur nid, lorsque après avoir, pendant quelques heures, supprimé la lame de carton destinée à maintenir l'obscurité, je vis l'amorce d'une lame de papier collée sur le côté du gâteau, immédiatement au-dessous des 4 alvéoles représentés en haut de la figure 6. Cette lame, qui se dirigeait vers le bas comme un rideau, parallèlement au verre, commençait ainsi à masquer le gâteau, à l'exception seulement des 4 alvéoles indiqués ci-dessus.

Je m'empressai de remettre le carton contre l'extérieur du verre et je constatai, le lendemain, que le rideau n'avait pas été continué. Le surlendemain je supprimai de nouveau le carton; le rideau fut immédiatement prolongé au point de cacher presque tout ce qui se passait dans le nid. Depuis lors, j'ai eu soin de tenir le carton obturateur constamment en place, et bientôt les Guêpes détruisirent elles-mêmes ce rideau, comme elles détruisent les anciennes enveloppes devenues trop petites.

Pendant une période de 17 jours, je ne puis trouver le temps de visiter le nid; mais comme j'avais placé près de lui, abritée contre la pluie par une persienne fermée, une bonne provision de miel et, plus loin, un abreuvoir profond, garni d'une grosse éponge, je le retrouve, après ce long abandon, en assez bon état.

La mangeoire consistait en un petit cristallisoir de 4^{cm} de diamètre, et j'avais placé sur le miel, contre le verre, un petit morceau de carton permettant aux Guêpes de se poser sans s'engluer. Par suite de l'abaissement du miel, ce petit morceau de carton a fini par se placer verticalement; mais, le prenant comme point de départ, les Guêpes ont construit, avec la même substance que celle qui forme leur nid, un petit plancher attaché à la paroi interne du cristallisoir et couvrant environ la moitié de sa surface. Ce petit plancher présente une forte pente, sans doute parce que, établi au fur et à mesure des besoins, il a suivi l'abaissement progressif de la surface du miel.

Il n'a pas été construit, pendant ces 17 jours, de nouvelles enveloppes entourant le nid d'une manière complète, mais seulement un grand nombre de lames externes, formant des sortes de boursouflures telles que celle qui était déjà commencée lors de la capture du nid (fig. 4, A, à droite). Celles de ces boursouflures qui arrivent au contact du verre y sont fortement soudées.

La tige de suspension a été renforcée d'une petite nervure longitudinale.

Dans le gâteau alvéolaire, le nombre des alvéoles est passé de 46 à 66, en augmentation de 20, et sur ces 20 alvéoles nouveaux, 16 sont pourvus de progéniture. Il y a donc eu, là, 16 œufs pondus par les ouvrières qui, d'ailleurs, en ont également pondu un bon nombre dans les 46 premiers alvéoles. De longs cocons indiquent la présence de nymphes mâles logées dans de petits alvéoles, les seuls existant sur le gâteau.

Ayant placé une petite capsule en porcelaine au-dessous du nid pour recueillir ce qui en tombe, j'y trouve, le lendemain, une centaine de petites boulettes noires, légères et desséchées. Ces nombreux résidus de boulettes alimentaires témoignent de l'activité avec laquelle, depuis 24 heures, les habitants du nid sont allés aux provisions.

Le 1er août, au matin, je vois une des Guêpes du nid occupée à manger du miel dans sa mangeoire, en même temps qu'une vingtaine d'Abeilles qui sont, à cause de l'étroitesse du récipient, tout à fait serrées contre elle. Elles sont très occupées et ne paraissent guère faire attention à la présence de la Guêpe qui, de son côté, ne paraît pas effrayée d'un voisinage aussi insolite.

Bientôt, privées de leur miel, que les Abeilles ont fait disparaître rapidement, elles vont, comme le font également ces dernières, en chercher dans l'intérieur de la cage d'un nid de Frelons établi sur une fenêtre voisine. Cette audace leur est funeste, car, chaque matin, je retrouve les cadavres d'une ou deux d'entre elles sur le plancher de la cage. La dernière ouvrière est ainsi tuée le 13 août, et il ne reste plus dans le nid que des œufs, de très jeunes larves et des nymphes mâles.

VESPA MEDIA (nid 6).

J'ai capturé un troisième nid de *V. media*, le 30 juin, à Montigny-en-Chaussée, Oise, (fig. 7).

Description du nid. — Ce nid est établi dans une Vigne palissadée le long d'une maison, en plein village. Comme dans le nid précédent, la lame de suspension est collée contre un fil de fer tendu horizontalement. Les enveloppes les plus externes sont soudées non-seulement à ce fil, mais aussi à une branche et à une feuille.

Bien qu'il y ait déjà eu, dans ce nid, 13 éclosions, je ne vois et ne capture que 8 ouvrières. Malgré une attente de plus d'une heure, il m'est impossible de voir la mère, et, la considérant comme disparue, je me décide à enlever le nid sans l'attendre davantage.

La lame de suspension, très large au contact du fil de fer, devient très étroite 4^{mm} plus bas, et là, sur une longueur de 7^{mm}, est transformée, par l'apposition d'un enduit brun, souple et luisant, en une tige cylindrique de 1^{mm} 1/2 de diamètre. Cette partie rétrécie est assez résistante ; le point le plus faible est ici la soudure avec le fil de fer, car c'est là que j'obtiens la rupture à la suite d'une traction suffisante pour la produire.

Le gâteau alvéolaire (fig. 7, C) présente 74 alvéoles. Les quatre premiers contours sont complets, et sur les 28 alvéoles du cinquième contour, 22 sont déjà amorcés.

Premier contour : les 4 alvéoles ont déjà été désoperculés et les deuxièmes œufs qui y ont été pondus sont devenus de grosses larves.

Deuxième contour : sur les 10 alvéoles qui forment ce contour, un seul reste encore operculé, les 9 autres ont déjà fourni des imagos. Parmi ces 9 alvéoles, 3 sont encore vides, 2 contiennent des œufs et 4 des larves.

Troisième contour : à l'exception d'un seul, qui contient une très grosse larve sur le point de se mettre en cocon, les 16 alvéoles de ce contour sont tous operculés.

Quatrième contour : ses 22 alvéoles sont pourvus de progénitures. Il n'y reste plus qu'un œuf non encore éclos. 4 larves sont encore très petites, les 17 autres sont moyennes ou grosses.

Cinquième contour : pour compléter ses 28 alvéoles, il en reste encore 6 à amorcer. Parmi les 22 qui sont commencés, 5 sont dépourvus de progéniture, 11 contiennent des œufs et 6 des larves encore fort petites.

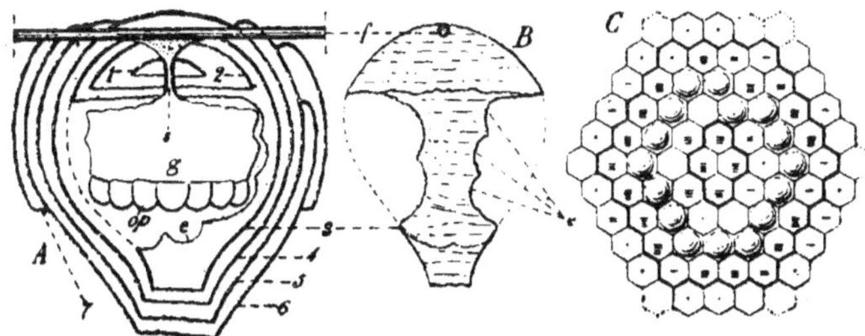

Fig. 7. *V. media*. Nid 6.

A Ensemble du nid, les enveloppes étant coupées suivant le plan médian. Réd. 1/2.

B 3ᵉ enveloppe non coupée, dans l'état où elle se trouvait au moment de la capture. Réd. 1/2.

C Schéma de l'état du nid au moment de la capture. Le contour de la figure nucléale et aussi celui du 4ᵉ contour, le dernier complet, sont figurés par des traits renforcés. Les alvéoles qui restent à construire pour compléter le 5ᵉ contour sont figurés en pointué. Quelques alvéoles sont vides. Un point placé au centre de l'alvéole indique qu'il contient un œuf. Les larves sont indiquées, approximativement suivant leur taille, par une, deux, trois ou quatre petites barres. Une seule barre indique les larves qui sont à peine plus grosses que les œufs. Quatre barres indiquent les larves les plus grosses. Les cocons non encore éclos sont également représentés.

Enveloppes. — La première enveloppe est traversée par la lame de suspension au point où cette dernière devient une tige cylindrique. Elle est maintenant réduite à une calotte de 16^{mm} de diamètre.

La deuxième enveloppe a son sommet au niveau du dessous du fil de fer, c'est-à-dire au niveau de la partie la plus dilatée de la lame de suspension. Elle est réduite à une calotte d'un diamètre double de celui de l'enveloppe précédente.

La troisième enveloppe est, ici, particulièrement intéressante, parce qu'elle montre, à l'évidence, comment les Guêpes démolissent les enveloppes internes lorsqu'elles sont devenues un obstacle à l'accroissement du gâteau alvéolaire. La figure 7, B, représente cette enveloppe telle qu'elle est au moment de la capture. Elle est déjà presque réduite à une calotte sphérique de 40^{mm} de diamètre, mais elle porte, suspendue et parfaitement intacte, toute sa partie inférieure avec l'ouverture qui, à un certain stade, a constitué l'orifice du nid. La bande qui a été respectée a un peu plus de 1^{cm} de largeur moyenne, et les entailles en arc de cercle, qui découpent ses bords, correspondent aux diverses reprises de l'opération du déchiquetage. En A, cette même enveloppe est vue coupée en deux et dans un plan perpendiculaire à celui de la figure B.

Les quatrième, cinquième et sixième enveloppes sont complètes et intactes, la cinquième et la sixième ne remontent pas jusqu'à la partie supérieure du nid. Elles ont été amorcées sous forme de lames latérales, attachées plus ou moins bas sur le côté des enveloppes précédentes.

Il en est de même pour la septième enveloppe, qui est en cours de construction.

Observations diverses. — Au moyen d'un fil, je rattache la lame de suspension qui a été arrachée et je place, contre un verre à vitre, l'ensemble du nid privé de la moitié de ses enveloppes. J'amène le côté du gâteau alvéolaire au contact du verre, et je fixe le tout dans cette position. Les enveloppes ayant été coupées suivant un plan médian, ne rejoignent pas le verre, mais en sont écartées de plus de 1^{cm} 1/2. Cela fait, j'ouvre les flacons qui contiennent les 8 ouvrières, et je les introduis dans leur nid. Elles se prêtent, on ne peut mieux, à cette opération, et, quelques heures plus tard, je les vois occupées à combler le vide qui existe entre le bord coupé des enveloppes et la vitre.

Au bout de deux jours, ce raccord est terminé, mais il n'a été fait que pour les deux enveloppes les plus externes. Une grande activité règne dans le nid, et la famille orpheline n'a pas encore commencé à éprouver le découragement qui va être, dans quelques jours, le signal de sa ruine.

VESPA SILVESTRIS (nid 7).

Le 16 juillet, je capture, dans un jardin d'un faubourg de Beauvais, un nid de *Vespa silvestris* (fig. 8).

Pendant les quelques minutes que durent mes préparatifs d'enlèvement, je constate qu'il ne sort ni ne rentre aucune Guêpe, et, lorsque je cherche à capturer les habitants du nid, je n'arrive à faire sortir qu'une ouvrière et dix mâles. Ce nid est évidemment celui d'une famille en voie d'extinction, par suite de la disparition prématurée de la mère. Les enveloppes sont d'un gris lustré avec un certain nombre de bandes verdâtres. Je coupe soigneusement le nid, gâteaux et enveloppes, suivant un plan médian, et c'est la coupe ainsi obtenue que représente la figure 8.

Tige de suspension. — La tige de suspension, en forme de lame mince et large à sa partie supérieure, se transforme, plus bas, en une tige arrondie. Les oscillations, qu'une semblable tige flexible permet aux gâteaux de très jeunes nids, sont ici supprimées par la présence d'attaches complémentaires tout à fait rigides.

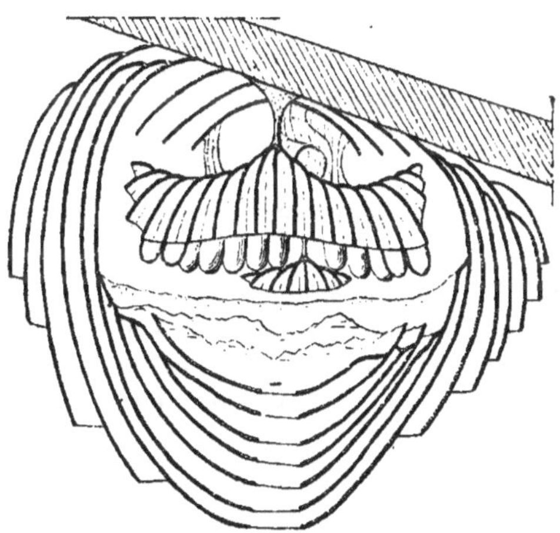

Fig. 8. *V. silvestris*. Nid 7. Réd 1/2.

Coupe par un plan médian.

Gâteaux alvéolaires. — Le premier gâteau alvéolaire a franchi le stade du neuvième contour et contient environ 300 alvéoles. On remarquera, sur la figure qui représente très exactement la forme des alvéoles, la courbure et le relèvement très prononcés que ces derniers présentent sur le pourtour du gâteau. Les cocons sont très allongés et contiennent tous des nymphes mâles.

Un deuxième gâteau, ovale et excentré, n'a que 25^{mm} dans sa plus grande dimension.

Enveloppes. — Le nombre des enveloppes est considérable. Les premières ont totalement disparu sans laisser aucune trace. Les suivantes, détruites dans leur région équatoriale, sont représentées, en haut, par des calottes sphériques, et en bas, par leur extrémité ouverte. L'orifice du nid se trouve être ainsi formé de 7 orifices superposés. Quelques attaches, construites après coup, soutiennent ces parties inférieures et les relient les unes aux autres. Parmi les enveloppes, quelques-unes n'embrassent qu'une partie de la circonférence du nid, en sorte que la coupe n'en a rencontré que 11 du côté gauche, tandis qu'elle en montre 13 du côté droit.

VESPA SAXONICA, var. NORVEGICA Fabr. (nid 8).

Le 3 juillet, j'ai capturé un nid de *V. saxonica*, à Beauvais, sur un pied de Cassis, dans le jardin de M. Bourgeois, inspecteur d'académie honoraire. Les habitants de ce nid présentent, très prononcées, sur les côtés des deux premiers anneaux abdominaux, les taches brunes qui caractérisent la variété *norvegica*. Bien qu'il y ait déjà eu 8 éclosions dans le nid, je n'y trouve que la mère et deux ouvrières (fig. 9).

Le nid est attaché à une branche très oblique, mais à un endroit où, sur une longueur de quelques centimètres, par suite de deux inflexions successives, elle est tout à fait horizontale.

Gâteau alvéolaire. — Les 4 alvéoles de la figure nucléale ont déjà fourni des imagos.

Dans le deuxième contour, les quatre premiers alvéoles ont aussi fourni des éclosions imaginales. Les 10 alvéoles de ce contour renferment 2 larves, 2 œufs et 6 cocons, le tout disposé symétriquement, par rapport au grand axe de la figure nucléale.

Dans le troisième contour il y a 6 cocons et 10 larves. Ces cocons et ces larves sont encore placés tout à fait symétriquement par rapport au même axe Les larves elles-mêmes présentent, au point de vue de leur grosseur, une grande symétrie.

Dans le quatrième contour il y a 2 œufs et 20 larves, disposés assez symétriquement.

Le cinquième contour est presque complet, car il ne lui manque que 3 alvéoles d'angles, et il y a, ici encore, une certaine symétrie par rapport au grand axe.

Le sixième contour ne comprend encore que 4 alvéoles déja pourvus d'œufs.

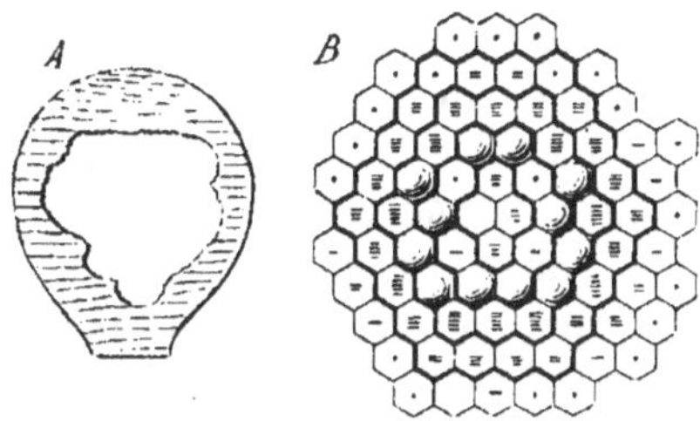

Fig. 9. *V. saxonica*, var. *norvegica*. Nid 8.

A La 3ᵉ des 6 enveloppes, déjà rongée sur un côté. Réd. 1/2.
B Schéma de l'état du gâteau alvéolaire au moment de la capture : un point indique les alvéoles qui contiennent un œuf. De petites barres indiquent les alvéoles qui contiennent des larves. Les opercules, également indiqués, forment une figure symétrique par rapport au grand axe de la figure nucléale.

Enveloppes. — Il y a 6 enveloppes. Lee deux premières sont réduites à de simples calottes. La troisième a été détruite sur un de ses côtés pour permettre l'accroissement du gâteau (fig. 9, A).

OBSERVATIONS DIVERSES.

Fabrication du papier des nids de Vespa media.

J'ai eu fréquemment l'occasion de voir les *V. media* travailler à l'enveloppe externe de leur nid, et cela dans des conditions si favorables que je pouvais les observer à la loupe.

Les ouvrières arrivent avec une boulette grossière de bois déchiqueté dont elles achèvent la trituration, dans leur nid, au moyen de leurs mandibules. Dès qu'elles ont obtenu, par le malaxage, la finesse, et, par l'addition de liquides buccaux, la consistance voulue, elles se mettent à employer leur récolte. Comme les Frelons, elles tiennent la masse de pâte entre la face inférieure des mandibules et le labium.

Les figures 3, B et C, p 31, montrent comment les choses se passent dans le cas où le point de départ de la nouvelle partie à ajouter est la vitre d'observation v du nid.

En C on voit que le plan sagittal de la tête de l'ouvrière coïncide avec le plan de la lame en construction. Pendant toute l'opération, les antennes viennent sans cesse palper les deux faces de cette lame. Quelquefois, comme l'indique la figure, elles touchent les parties déjà anciennes, mais, le plus souvent, leur extrémité arrive beaucoup plus près des mandibules, au contact des parties nouvellement ajoutées.

En B on voit le commencement de la bande collé contre le verre, et cela sur une hauteur, dès maintenant, égale à la largeur définitive que la bande doit avoir. A la suite de cette base d'attache, la bande est formée avec une largeur à peu près égale au tiers de sa largeur définitive. La partie non encore employée de la boulette est logée entre la face inférieure des mandibules et le labium qui sont représentés schématiquement par m et l. L'ouvrière recule dans la direction de m vers l. Par de légers mouvements de la tête, la Guêpe fait passer ses mandibules de la direction a à la direction b, et comme, en même temps, la boulette est maintenue par son adhérence avec les parties déjà posées et par une légère pression du labium, une petite bande se trouve débitée entre les mandibules. En reculant légèrement, l'animal peut donner de nouveau à ses mandibules une direction parallèle à la ligne a et recommencer, jusqu'à l'épuisement complet de la boulette, les mêmes opérations que précédemment. Si l'on examine, par transparence, le ruban ainsi posé, on voit qu'il est mince dans sa partie supérieure, le long de son insertion avec les parties anciennes, tandis que son bord inférieur est un bourrelet épaissi, constituant une réserve pour l'élargissement ultérieur.

Dès que la boulette est épuisée, la Guêpe revient au point de départ, et, tirant de haut en bas, avec ses mandibules, la substance encore molle du bourrelet, elle arrive, en reculant comme lors de la première opération, à doubler la largeur du ruban qui possède alors, à peu près, les deux tiers de sa largeur définitive. Un bourrelet inférieur est maintenant encore visible par transparence, mais il est bien réduit par rapport à celui qui existait avant cette deuxième opération.

La troisième opération, faite comme la précédente, donne au ruban sa largeur définitive. Le bourrelet inférieur a complétement disparu. La bande, dont la largeur est à peu près triple de celle qu'elle avait au moment où elle a été posée, est devenue également mince et également transparente dans toute sa hauteur. Elle est alors complétement terminée et la Guêpe s'éloigne sans faire d'autre retouche.

On voit sur la figure 3, B, p. 31, à la partie inférieure, le commencement de l'emploi d'une boulette. Immédiatement audessus, j'ai représenté, en pointillé, les trois stades successifs par lesquels passe, pour arriver à sa forme définitive, la bandelette obtenue par l'emploi intégral d'une boulette.

Cette manière d'opérer ne diffère guère de ce que j'ai, précédemment, décrit pour le Frelon ('' 94[h]) qu'en ce que ce dernier pose sa bande, immédiatement avec sa largeur définitive, et que les retouches qu'il lui fait subir n'ont guère pour but de l'élargir mais surtout de la régulariser et de l'unir. Cette différence dans la manière de travailler est d'ailleurs en rapport avec la nature des matériaux récoltés. La pâte à carton, formée de bois pourri, que le Frelon emploie, ne possède pas la ductilité que la pâte à papier des *V. media* doit à la nature souple et fibreuse des éléments qui la composent.

De Réaumur a donné (' 42, T. 6, p. 177) le résultat de ses observations sur la fabrication du papier (probablement par *Vespa germanica*).

Nid anormal de V. media décrit par van Ankum.

Van Ankum ('' 70, p. 114, pl. 1, fig. 1) a décrit un nid de *V. media* qui présente une disposition tout à fait exceptionnelle. Comme un bon nombre de nids de *V. media* que j'ai observés à Beauvais, il était fixé au point de bifurcation d'une branche de Poirier. Son ouverture se trouve un peu bas sur le côté. C'est là une disposition que j'ai également rencontrée bien que, le plus souvent, pour des nids de cette taille, l'ouverture soit tout à fait en dessous. La particularité remarquable de ce nid est qu'au lieu d'avoir des gâteaux superposés, ou même de n'en avoir qu'un seul, comme cela devrait être pour un nid qui ne possède encore que 74 alvéoles, il comprend quatre gâteaux indépendants, suspendus les uns à côtés des autres, chacun par une tige de suspension qui lui est propre. Deux de ces gâteaux ont chacun 13 alvéoles et les deux autres chacun 24 alvéoles.

Van Ankum ('' 70, pl. 1, fig. 2) a figuré un nid à orifice précédé d'un long goulot cylindrique ayant, d'après sa figure, 12 mm de diamètre et environ 16 mm de longueur. Il attribue, avec doute, ce nid à *V. silvestris*. Si j'en juge d'après les nids que j'ai récoltés moi-même, ce nid appartiendrait plutôt à *V. media*.

Excreta rejetés après l'eclosion imaginale (V. media).

J'ai vu *V. media* rejeter, comme *V. crabro*, un certain temps après son éclosion, les excreta accumulés, dans le tube digestif, pendant la vie nymphale. Ces excreta consistent en gouttelettes d'un liquide clair, contenant de petites masses, d'un blanc légèrement teinté en gris verdâtre, de forme droite ou arquée, ayant un peu moins d'un millimètre de longueur.

Lorsque les jeunes Guêpes qui circulent sur les alvéoles qu'elles n'ont pas encore quittés veulent émettre ces excreta (fig. 6, p. 37), elles cherchent, et réussissent si elles ne sont pas gênées par leurs compagnes, à se placer exactement au milieu du gâteau, s'accrochent solidement par leurs six pattes, qu'elles font fortement diverger, et dirigent leur abdomen verticalement, bien exactement dans l'axe du nid. Les gouttelettes émises tombent ainsi au dehors, sans salir les enveloppes.

Une des *V. media* que j'ai vue éclore émet ainsi, 3 h. 1/2 après sa sortie du cocon, une goutte d'un liquide clair comme de l'eau, contenant une douzaine de corpuscules blancs. Pendant la nuit, ce même individu émet encore deux gouttelettes semblables que je retrouve, le lendemain matin, desséchées au-dessous du nid ; dans l'une de ces gouttelettes, il y a encore quatre petites masses blanches, tandis que dans la dernière il n'y en a plus qu'une. Après s'être ainsi débarrassée de tous les excreta accumulés dans son tube digestif au cours de la nymphose, cette ouvrière n'a plus émis que des excréments normaux.

Lorsque de nombreuses ouvrières circulent sur le nid, la nouvel-éclose ne réussit pas toujours à se placer exactement dans l'axe, et les excreta tombent alors, plus ou moins bas, sur l'une des enveloppes. Dans ce cas, une ouvrière adulte se précipite sur la gouttelette liquide, qui ne s'imbibe pas dans le papier non absorbant du nid, et l'avale rapidement. Elle réunit ensuite, en un paquet muriforme, tous les corpuscules blancs et les transporte hors du nid.

J'ai vu également une *V. media*, éclose sur un gâteau qui était posé retourné sur une table, rejeter les excreta de sa vie nymphale. Peu après son éclosion, à la suite d'un repos de trois quarts d'heure dans l'intérieur d'un alvéole, elle va visiter les larves, les palpe avec ses antennes puis, tout d'un coup, se met à reculer par quatre ou cinq saccades jusqu'à ce que la partie postérieure de son corps vienne dépasser notablement le bord des alvéoles marginaux. Elle allonge alors fortement son abdomen, de manière à porter son extrémité anale le plus loin possible en dehors du gâteau, et elle laisse tomber le liquide transparent qui contient les excreta blancs. Elle s'y prend donc encore, dans cette situation anormale du gâteau, de manière à ne pas le salir.

On voit ainsi que, dans tous les cas, les excreta de la vie nymphale sont rejetés par les jeunes Guêpes avant qu'elles n'aient commencé à voler, et qu'ils sont toujours évacués hors du nid, de manière à ne pas le souiller.

Au microscope, on constate que chacune des masses blanches de ces excreta est enveloppée d'une petite membrane transparente, étranglée et rompue aux deux extrémités et provenant évidemment de la paroi du tube digestif.

Le produit de l'écrasement de ces petites masses blanches, examiné à un fort grossissement, montre une grande quantité de petits cristaux hexagonaux (fig. 6, E, p. 37) dont le plus grand nombre ont de 3 à 20 μ de longueur et sont semblables à ceux que l'on trouve, parfois, dans les tubes de Malpighi des larves. Ces cristaux présentent quelquefois un côté excavé et, souvent, leur contour est courbe. Ce sont probablement des cristaux d'acide urique.

Il y a également un très grand nombre de Bactéries dans le produit de l'écrasement de ces corpuscules.

Caractères des trois espèces du groupe de V. media.

Voici, résumés, d'après les diagnoses des auteurs, et, en particulier, d'après celles d'André ('' 83, p. 586), les principaux caractères des Guêpes dont il est question dans la présente note.

Les trois espèces du groupe de *V. media* ont une carène transversale située à la partie antero-dorsale du corselet. Cette carène, visible surtout sur les côtés, limite un léger aplatissement antérieur.

Leurs yeux sont plus distants de la base des mandibules que chez les Guêpes du goupe de *V. germanica*.

Leurs nids sont presque toujours aériens.

Les principaux caractères distinctifs des trois espèces sont, pour les ouvrières, résumés dans le tableau suivant :

CARACTÈRES DISTINCTIFS DES TROIS ESPÈCES (☿).

	V. media.	*V. silvestris.*	*V. saxonica.*
Carène transversale sur la région antéro-dorsale du corselet.	Jaune.	Noire.	Noire.
Bordure jaune du sinus des yeux.	Remplit presque complètement le sinus.	Ne forme qu'une bordure sur le bord antérieur du sinus.	Réduite à une petite ligne sur le bord antérieur du sinus.
Epistôme.	Avec une ligne noire médiane n'arrivant pas jusqu'au bord distal.	Entièrement jaune ou seulement avec un point ou une petite ligne médiane noire.	Avec une grande tache lancéolée, noire, ou 3 points noirs, rarement dépourvu de tache.
Tibias.	Avec une tache noire au moins à la paire antérieure.	Entièrement jaunes.	Avec une tache noire au moins à la paire antérieure.
Taches jaunes du bord externe des yeux.	Une tache à la partie antérieure du bord externe des yeux.	Une tache à la partie postérieure du bord externe des yeux.	Une tache à la partie postérieure et souvent aussi une tache à la partie antérieure du bord externe des yeux.
Ligne jaune longitudinale sur le côté de la partie antérieure du corselet.	Ligne jaune régulière généralement étroite et pouvant manquer.	Ligne jaune légèrement élargie vers l'arrière.	Ligne jaune généralement assez régulière.
Scutellum.	Avec 2 taches jaunes.	Avec 2 grandes taches jaunes.	Avec 2 taches jaunes parfois bien réduites.
Post-scutellum.	Avec 2 taches jaunes.	Noir ou avec 2 points jaunes.	Avec 2 taches jaunes qui peuvent manquer complétement.
Bordure jaune des arceaux dorsaux de l'abdomen.	Bordure jaune, généralement assez fortement festonnée.	Bordure jaune, souvent étroite et parfois peu festonnée.	Bordure jaune renfermant de chaque côté un feston ou un point noir isolé.
Antennes des mâles.	Tuberculées en dessous.	Non tuberculées en dessous.	Non tuberculées en dessous.
Reines.	Remarquables par leur taille relativement grande et leur teinte rougeâtre.	Ressemblent beaucoup aux ouvrières comme coloration générale.	Présentant une coloration analogue à celle des ouvrières.
Taille des individus : ☿	14 à 16mm.	11 à 13mm.	11 à 13mm.
♀	18 à 21mm.	14 à 16mm.	15 à 17mm.
♂	15 à 17mm.	13 à 15mm.	13 à 15mm.

Vespa saxonica var. *norvegica* se distingue du type par la présence de taches rougeâtres, mal délimitées et de grandeur variable, sur les côtés de l'arceau Se 5 ou des arceaux Se 5 et Se 6.

Remarques diverses sur les Guêpes du groupe de V. media.

Emplacement des nids. V. media. — Aux environs de Beauvais, les *V. media* font leur nid de préférence dans les Poiriers. On les trouve également, souvent, dans les arbres fruitiers, palissadés contre les murs des jardins.

V. Silvestris. — Kristof (" 79, p. 44) a trouvé des nids de *V. silvestris* dans des broussailles, tout à fait contre le sol ou bien dans des cavités, très peu profondes, en partie ouvertes, creusées dans la terre sur des talus ensoleillés.

De même, Rouget (" 73, p. 189) a constaté que, aux environs de Dijon, *V. silvestris* semble toujours faire son nid dans la terre. Cette espèce lui a paru rechercher les talus des voies ferrées, et le plus souvent, une partie de l'enveloppe du nid apparaissait à la surface du sol.

A Beauvais, dans mon jardin, les *V. silvestris* semblent s'installer de préférence dans les Charmilles. Je n'ai, jusqu'ici, trouvé aucun nid souterrain de cette espèce.

V. saxonica. — A Beauvais, j'ai trouvé *V. saxonica* surtout dans des arbustes très bas (Cassis, Groseilliers).

Aux environs de Graz, Kristof (" 79, p. 45) l'a trouvée, communément, dans les greniers et sous des arbris en planches.

Orifice des nids de V. media. — Les jeunes nids de *V. media* que j'ai recueillis à Beauvais étaient tous piriformes, très réguliers, et avaient généralement leur orifice placé bien exactement, à la partie inférieure, dans l'axe du nid. C'est là, d'ailleurs, la disposition que présentent, sans exception, tous les très jeunes nids de *Vespa* de ma région. Cependant j'ai observé, plusieurs fois, sur des nids un peu plus développés, que l'orifice était placé, non plus tout à fait en bas, mais un peu plus haut et par conséquent légèrement de côté.

Kristof (" 79, p. 47) a fait la même observation sur un nid de la même espèce ; l'orifice était non plus allongé en goulot, mais tout à fait plat.

Un nid anormal, décrit par Van Ankum (" 70, pl. 1, fig. 1), présente également un orifice tout à fait plat et situé un peu de côté.

Dans un des nids que j'ai observés et qui avait ainsi un orifice plat et placé un peu de côté, cet orifice n'était pas percé dans une enveloppe normale formant une surface de révolution, mais dans une enveloppe spiralée faisant presque deux fois le tour des enveloppes plus internes.

Alvéoles des mâles. — P. Marchal (" 94[a]) a montré que chez *V. germanica* et *V. vulgaris* il n'est pas construit pour les mâles des alvéoles de dimensions spéciales.

Il en est de même chez *V. crabro* (J. " 94[b]).

Dans un nid de *Vespa silvestris*, cité plus haut (Nid 7, p. 45), j'ai trouvé, au moment de la capture, des nymphes mâles, dans les alvéoles de la figure nucléale du premier gâteau. Les mâles de ce nid prématurément privé de mère, provenaient très probablement, tous, d'œufs pondus par les ouvrières. Comme les alvéoles de la figure nucléale, construits par la mère à une époque où elle était seule dans le nid, ont dû, certainement, servir de berceaux à des ouvrières, on voit qu'une ouvrière pondue par la mère, puis un mâle pondu par une ouvrière, peuvent se développer successivement dans le même alvéole.

Nid de remplacement d'un nid enlevé. — Kristof (" 79, p. 47) a enlevé, au mois de juillet, un assez grand nid de *V. media* construit sur une branche de Poirier. Son enveloppe avait 14^{cm} de diamètre et 20^{cm} de longueur, et il contenait environ 250 habitants. Au bout de vingt-quatre heures, à l'endroit où la branche avait été cassée, il y avait un nouveau nid de la grosseur d'une pomme.

Grandeur maximum des nids. — Les nids aériens, ceux de *V. crabro* exceptés, n'arrivent pas à être aussi gros que les nids souterrains. Ils atteignent rarement 20^{cm} de diamètre, et ne dépassent cette taille que tout à fait exceptionnellement. Cependant ("81, André, p. 437), M. Puton a recueilli, dans les Vosges, dans des greniers, des nids de *V. saxonica* atteignant 25^{cm} de diamètre, et il y a, au musée de Beaune, un nid de 35^{cm} de diamètre, trouvé dans un magasin, peu fréquenté, de la ville.

Dates des premières éclosions. — Dans les nids décrits ci-dessus, il y avait déjà eu, au moment de la capture :

Vespa media	(Nid 4), le 16 juin,	4	éclosions	d'ouvrières
— —	(Nid 5), le 22 juin,	3	—	—
— —	(Nid 6), le 30 juin,	13	—	—
— *norvegica*	(Nid 8), le 3 juillet	8	—	—

Dans le nid de *V. silvestris* (nid 7), capturé le 16 juillet, et qui avait perdu sa mère, il y avait déjà eu, à cette date, un certain nombre d'éclosions de mâles.

Chez *V. silvestris*, aux environs de Dijon, Rouget (" 73, p. 189) a observé des mâles à la fin de juillet et des mâles et des reines pendant tout le mois d'août.

Le même observateur (p. 188), dans un grand nid de *V. media* (17 ^{cm} de diamètre, 20 ^{cm} de hauteur), capturé le 1er août, a obtenu, du 5 au 23 du même mois, en cage, plus de 60 éclosions de reines et un nombre encore plus considérable d'éclosions de mâles.

Familles réduites à des mâles. — Kristof (" 79, p. 46) fait remarquer que, chez les Guêpes, la mère fondatrice, exposée à tant de dangers dans ses courses incessantes, disparaît souvent à une époque prématurée. S'il existe des ouvrières, elles continuent la construction du nid et pondent des œufs ; mais, comme on le sait, leur progéniture est exclusivement mâle. C'est ainsi qu'il a capturé un nid de *V. saxonica* contenant quatre ouvrières et 80 mâles, et, deux semaines plus tard, il y en avait 200, tandis qu'il n'y avait pas eu une seule éclosion d'ouvrière.

Le nid 7 de *V. silvestris*, que j'ai décrit plus haut, était tout à fait dans le même cas, puisque, au moment de la capture, il ne renfermait plus de reine, mais une seule ouvrière avec dix imagos mâles et un très grand nombre de nymphes de ce même sexe.

Hibernation des reines. — Kristof ("79, p. 44) a remarqué que, à l'exception des nids de Frelons, les nids aériens sont tout à fait déserts à la fin d'août. Le repos hivernal doit donc, pour les reines de ces espèces, commencer de très bonne heure. La mousse des forêts paraît être un lieu d'hibernation fréquemment choisi, à la fin de la belle saison, par les reines fécondées. Kristof ("79, p. 44 et 46) a trouvé ainsi abritées dans la mousse des reines de *V. media* et de *V. silvestris.*

Parasites. — Les nids de *V. silvestris* n'ont fourni à Kristof ("79, p. 45), comme parasite, qu'une *Tachina* (Raupenfliege).

Dans un petit nid abandonné, appartenant très probablement à cette espèce, trouvé, au commencement de la saison, dans un arbuste, puis conservé dans une boîte en verre, j'ai constaté, le 5 juillet, la présence de larves de Coléoptères. Deux de ces larves arrivèrent à l'état d'imago dans la première quinzaine de janvier de l'année suivante : c'était un mâle et une femelle de *Bruchus fur* L.

Dans un grand nid de *V. saxonica*, ayant 15cm de diamètre et contenant 5 gâteaux, Kristof ("79, p. 45) a trouvé environ 200 cocons réunis en un paquet. Au printemps suivant, ces cocons lui donnèrent 30 éclosions d'un gros Microlépidoptère qu'il n'a pas déterminé.

Dans ce même nid, un certain nombre d'alvéoles, principalement dans les grands gâteaux, présentaient au milieu de leur hauteur un opercule rouge-brun. Au printemps suivant, ces alvéoles lui fournirent environ 200 exemplaires d'un Ichneumonide, à abdomen rouge, d'une taille moitié de celle de *V. saxonica*. Il retrouva plus tard ce même Ichneumonide dans un nid de *V. media*.

Dans un ancien nid de *V. crabo*, qui m'a été donné par M. Künckel d'Herculais, j'ai trouvé un certain nombre de cocons analogues, groupés par 3 ou 4 dans chaque alvéole. Le vide intérieur de ces cocons a 10mm de longueur et l'ensemble de leurs extrémités libres forme, au travers de l'alvéole, un opercule plat, ou plutôt concave, de couleur brun-rougeâtre. Dans l'un de ces cocons j'ai trouvé les débris indéterminables d'un Ichneumonide qui n'avait pu se dégager et qui pourrait bien appartenir à la même espèce que ceux observés par Kristof.

AUTEURS CITÉS.

(Voir la liste donnée à la suite de la neuvième note.)

' 42 **De Réaumur**, *Mémoires pour servir à l'histoire des Insectes*, 1734-1742.

'' 70 **Van Ankum** Hendrick Jan, *Inlandsche Sociale Wespen*, 1870.

'' 73 **Rouget** Auguste, *Sur les Coléoptères parasites des Vespides*, Mém. Acad. des Sc. Arts et B.-L. de Dijon, an 1871 à 1873, S 3, T I, p 161, 1873.

'' 79 **Kristof** L.-J. Ueber einheimische, gesellig lebende Wespen und ihren Nestbau, Mitheil. d. naturw. Ver. f. Steiermark, an 1878, p 38, 1879.

'' 83 **André** Ed., *Les Guêpes*, in : André Ed., Species des Hyménoptères d'Europe et d'Algérie, T 2, p 405, 1883.

'' 94[a]. **Marchal** Paul, *Note préliminaire sur la distribution des Sexes dans les cellules du Guêpier*. Arch. de Zool. expérimentale, S 3. T 2. p 3'.

'' 94[g]. **Janet** Charles, Etudes sur les Fourmis, 8e note, *Sur l'Organe de nettoyage tibio-tarsien de Myrmica rubra*, Ann. Soc. Ent. de France, séance du 23 mai 1894.

'' 94[h]. **Janet** Charles, Etudes sur les Fourmis, les Guêpes et les Abeilles, 9e note, *Sur Vespa crabro* L., Mém. Soc. Zool. de France, séance du 12 décembre 1894, an 1895, T 8.

www.ingramcontent.com/pod-product-compliance
Lightning Source LLC
La Vergne TN
LVHW010305230826
846091LV00007BB/2716

* 9 7 8 2 3 2 9 6 4 4 5 0 9 *